LOUIS GUETANT

CONFÉRENCE POPULAIRE

SUR

L'ASTRONOMIE

« Si l'homme ne peut arriver à tout connaître, il a du moins le devoir de chercher à tout comprendre. »

GŒTHE.

LYON
IMPRIMERIE A. STORCK & Cie
78, Rue de l'Hôtel-de-Ville, 78

1899

CONFÉRENCE POPULAIRE SUR L'ASTRONOMIE

LOUIS GUÉTANT

CONFÉRENCE POPULAIRE

SUR

L'ASTRONOMIE

« Si l'homme ne peut arriver à tout connaître, il a du moins le devoir de chercher à tout comprendre. »

GŒTHE.

LYON
IMPRIMERIE A. STORCK & Cie
78, Rue de l'Hôtel-de-Ville, 78

1899

CONFÉRENCE POPULAIRE

SUR

L'ASTRONOMIE

I

Comment s'est formé l'Univers?

MESDAMES ET MESSIEURS,
CHERS CAMARADES ET AMIS,

Il y a quelques semaines j'assistais à une conférence de M. Charbonel. Dans ses conclusions l'éloquent conférencier nous dit son désir de voir s'établir l'usage de réunions fraternelles ; d'associations d'éducation mutuelle; mélange d'étudiants et d'ouvriers ; de travailleurs de l'outil et de travailleurs de la pensée, lesquels y échangeraient librement et fraternellement leurs idées pour le développement intellectuel et moral de tous, pour le bien et le progrès commun. Associations autonomes qui n'accepteraient aucun mot d'ordre du dehors mais vivraient de leur vie propre, ayant pour but en tout la recherche de la vérité et la pratique de la justice.

En venant ici je m'efforce de réaliser un point de ce programme : travailleur de l'outil, c'est sur un sujet de science tant soit peu transcendant que j'appellerai votre attention. J'aurai donc à vous demander non seulement votre bienveillance, car je suis inexpérimenté dans le fait de parler en public, mais aussi, par moments, un effort d'attention plus intense, plus pénible peut-être que l'on n'est accoutumé de le faire dans vos réunions. Je m'en excuse, et mon excuse c'est que mon sujet m'est imposé par cette considération que c'est le seul où, dans une question de science, j'aurais quelque chose d'inédit à vous dire.

Or, cela me semble attacher au sujet un intérêt de premier ordre. Il me plaît d'apporter dans une réunion populaire les résultats d'une étude que l'on ne trouverait dans aucun livre écrit.

Ce n'est cependant pas de ma faute s'il en est ainsi, car il y a longues années déjà j'en ai fait part, comme on peut dire, « à qui de droit ».

Mais il en est des faits de science comme des idées sociales, pour qu'ils aient droit de cité, il faut à l'ordinaire qu'ils soient présentés sous un décor officiel.

Il y a, par exemple, belle lurette que nous, les humbles, nous les travailleurs, nous crions par toutes nos voix que les armements exagérés auxquels s'entraînent les nations de l'Europe sont une course à la ruine, une déraison qu'aucune nécessité ne commande et que condamnent la morale et le bon sens; que nous avons dit qu'il était du devoir de tout homme sain d'esprit d'en combattre les errements, lesquels constituent une folie criminelle qui tend à transformer l'Europe en une vaste caserne pleine de servitude et de misère et qu'il était possible et qu'il était nécessaire au double point de vue moral et matériel de procéder à une entente internationale afin d'aboutir sans retard à un désarmement réciproque et progressif.

Mais les gens *sérieux* ont haussé les épaules; les sages nous ont traités d'utopistes et de fous. Nos idées étaient au moins subversives.

Cependant voilà que le tzar Nicolas envoie une circulaire (signée du nom de Mouravieff!) dans laquelle nos dires se trouvent répétés (en partie du moins, car des plus importants côtés de la question sont passés sous silence). Oh! alors tout change! Par un miracle tout à fait réjouissant, ce qui était erreur dans notre bouche devient vérité dans la sienne. Nos idées devaient être frappées de suspicion, mais leur parodie venant de haut soulève un concert d'approbation unanime. — Le dédain a fait place à l'admiration quand la même parole, au lieu d'être dite par ceux qui ont souffert de l'iniquité, se trouve répétée par celui qui tant en a bénéficié; l'appel au droit est entendu quand il est prononcé par celui dont le trône autocratique repose sur la négation brutale des droits naturels de l'homme; par celui dont la parole pacifique a comme contrepoids la spoliation en pleine paix de ses pacifiques voisins!

Passons. — Aussi bien il n'importe. Nous travaillons pour l'avènement de la justice et non pour nous-mêmes.

Et s'il est nécessaire que nos idées nous aient été dérobées pour avoir cours dans le monde *select*, jetons-les à pleines mains.

Seulement, camarades, je voudrais vous convaincre d'un fait, c'est que le labeur manuel n'est point incompatible avec la culture intellectuelle, et je désirerais vous inciter à en faire chacun l'épreuve sur vous-mêmes, d'abord parce que, en proportion que vous vous serez élevés dans la connaissance de la vérité, vous serez affranchis, vous vous appartiendrez réellement à vous-mêmes, et puis, par ainsi, vous ferez la démonstration concrète qu'aucune iniquité n'est nécessaire et que l'exploitation des humbles n'est en aucune façon justifiée par la nécessité de la spécialisation du labeur intellectuel.

Que le fardeau de travail imposé pour l'entretien de la vie sociale soit réparti équitablement sur tous et il ne sera exténuant, il ne sera déprimant pour personne. Et aucune intelligence ne sera de ce fait empêchée de parcourir le cercle, assez étroit en somme, des connaissances humaines.

Tant il est vrai que ce n'est pas le travail, loi constante de notre nature, qui est une malédiction; mais l'injustice: loi de l'égoïsme et de la veulerie.

J'ai dit que le labeur manuel n'est pas incompatible avec la culture intellectuelle, il l'est si peu qu'en somme, pour l'ordinaire, ce sont les travailleurs de l'outil qui ont étendu le domaine de la pensée et de la science. Ce sont des travailleurs pourrait-on dire qui ont fondé les arts et la science. Ce sont les travailleurs qui ont fait et qui font la civilisation. C'est que le travail est non seulement créateur de richesse, mais créateur de pensée.

Que l'initiative créatrice vienne des hommes de labeur, la chose est trop évidente pour les grandes inventions anonymes qui constituent les assises de toute la richesse humaine. Il est certain que scie, règle, équerre, marteau, extraction des métaux, domestication des animaux, culture, eurent pour premiers créateurs des hommes de travail, à la cervelle et au bras exercés. — Près de nous à l'aube de notre âge c'est l'ouvrier mayençais Guttenberg qui allume ce multiple flambeau, l'imprimerie. — La vapeur doit ses premières applications à Denis Papin qui, persécuté dans sa foi et dans sa pensée, devait mourir de misère en exil! Un pauvre mineur de Newcastle, Stephenson, est le créateur de la locomotive; John Herschell qui découvrit Uranus fabriquait lui-même ses télescopes, en polissait les miroirs de ses propres mains! Franklin, Edison furent à leurs débuts de pauvres hères et c'est Gramme, l'ouvrier belge, qui, construisant l'anneau qui porte son nom, dota l'humanité de la prodigieuse machine dynamo-électrique.

Mais bornons là ces réflexions préliminaires car notre sujet de ce soir : *Comment s'est formé l'univers ?* est assez vaste en lui-même et le fait que vous êtes venus prouve que, sans y chercher aucun profit, vous avez deviné les attraits supérieurs de la vérité, contemplée pour elle-même, de la science que l'on acquiert librement, sans obligation extérieure, comme sans esprit de lucre ; que l'on acquiert non pour en tirer un avantage quelconque, mais uniquement, simplement pour donner aliment à cette fée intérieure : l'intelligence, qui a soif de savoir, qui a le désir inné de connaître en tout ce qui est vrai.

Toutes les sciences sont belles, mais parmi les sciences il en est une qui plus que les autres est pleine d'attirance, c'est l'astronomie. Elle est à la fois plus générale et plus passionnante, parce qu'elle embrasse l'univers et parce qu'elle est de tous les temps et de tous les lieux.

En tous pays le ciel étend ses splendeurs sur la tête des hommes, ouvrant toute grande à ses regards et à ses pensées la porte de l'infini.

L'astronomie parle à la fois aux sens, à l'imagination, à l'intelligence et au cœur. — Pour les yeux, il n'y a pas de plus belle fête qu'un beau ciel étoilé, quand, par des myriades de points lumineux, l'univers sans limites est pour ainsi dire rendu palpable, visible ; l'astronomie parle alors à l'imagination, l'exalte, car elle lui ouvre un domaine illimité non seulement dans l'étendue, mais aussi dans le temps. Elle parle à l'intelligence, car nous connaissons mieux l'ensemble des lois physiques qui régissent ces mondes séparés de nous par de telles distance que la lumière, volant avec sa vitesse de 75.000 lieues par chaque seconde, est une tardive messagère qui ne nous en apporte jamais que des messages vieillis. Nous connaissons cependant mieux les lois qui les régissent que celles de notre propre organisme !

Enfin l'astronomie parle au cœur, car elle est tout *l'au-delà* visible où nos pensées peuvent voguer. Et quand, à la vue des si tristes spectacles que nous offre ce pauvre monde où l'égoïsme, l'ignorance, la sottise, l'hypocrisie règnent en maîtres; quand, à la vue de tant de misères morales et matérielles, nous sommes tentés de nous laisser aller à la désespérance, si nous levons les yeux vers les infinis stellaires que l'astronomie nous apprend à comprendre et pour ainsi dire à posséder par l'esprit, notre pensée trouve un réconfort à se dire qu'en somme, nous sommes bien peu de chose, à peu près l'équivalent de rien ; que toutes ces puissances d'orgueil et de despotisme ont beau s'enfler, elles règnent sur un atome invisible de la plus proche des étoiles. Et alors, regardant ces milliers d'astres étincelants dont chacun est le centre d'un univers, et qui peuplent l'étendue sans limites, nous pouvons espérer (et notre espérance est légitime) que parmi ces mondes vivants qui nous envoient leur caresse dans un rayon de lumière, il en est quelques-uns (peut-être tous) où, contrairement à ce qui existe chez nous, l'intelligence et la droiture, la justice et la bonté règnent; où jamais n'ont été absurdement glorifiés, comme ici-bas, les brigandages, les tueries, les spoliations criminelles; où jamais n'ont été érigées ces idoles barbares qui demandent le sacrifice de la responsabilité personnelle, de la conscience, de tout ce qui fait de l'homme un être moral et digne. Nous pouvons penser que si notre abjection fait tache, la tache du moins est minuscule, et, sur ces rives de l'infini, nous pouvons, en pensée, voir se dresser, hautes comme la vérité, ces réalités morales qui sont la raison d'être de l'univers et que nous entrevoyons à peine de notre misérable globe enténébré de servitude, de douleur et de préjugés. Quand notre cœur saigne de pitié pour tout ce que nos yeux voient près de nous, nous sentons briller dans l'infini la lumière et la liberté, et, avec elles, la beauté dans l'ordre moral s'ajoutant à la beauté dans l'ordre physique, nous pouvons espérer que leur union donne enfin naissance d'une manière réelle, concrète, permanente à cette fleur qui n'est guère ici qu'une illusion : le bonheur.

Et si c'est là rêve de poète, il n'en est sûrement pas de plus beau, et j'en sais gré encore à la science grandiose qui a su nous l'inspirer. Aucune autre ne l'aurait pu. — Et, du reste, ne pensez-vous pas que les vrais savants sont de très grands poètes?

La moitié au moins des découvertes précises de leur intelligence a pour initiatrice leur géniale imagination.

C'est bien Pythagore, dont la vaste intelligence avait découvert, 600 ans avant notre ère, 2.000 ans avant Copernic et Galilée, le vrai système du monde, qui croyait entendre la musique céleste causée par les mouvements harmoniques des planètes!

Les vies des grands initiateurs sont le vrai livre d'or de l'Humanité, et les œuvres des Copernic, des Galilée, Newton, Stephenson, Kant, Herschell, Darwin, Arago, en même temps que des œuvres lumineuses de science positive, sont de sublimes poèmes.

Les mots n'y sont peut-être pas aussi rythmiquement enchâssés que dans les décadentes œuvres de maints versificateurs à la bruyante renommée. Mais ils montrent les faits ; ils apportent les idées et les enchâssent pour en faire à l'esprit, au génie humain une parure splendide, une couronne glorieuse d'une incomparable beauté.

Restons dans notre sujet. Il est assez vaste, camarades, puisqu'il nous ouvre les deux infinis : l'infini de l'espace, l'infini du temps, et que, pour la solution des deux questions que nous nous sommes proposées, nous devrons jeter un regard dans chacun de leurs domaines.

Une chose que l'accoutumance empêche de remarquer, mais

qui, avec un peu de réflexion, frappe la pensée, c'est l'état d'incandescence dans lequel se trouvent tous ces astres qui constellent les espaces de leurs points lumineux. — C'est uniquement grâce à cet état d'ignition que leur existence nous est révélée. S'ils n'étaient en feu, nous les ignorerions.

Chacune de ces étoiles qu'on appelle *fixes* parce que les distances qui les séparent les unes des autres et qui les séparent de nous sont tellement immenses que, bien qu'en réalité elles se meuvent dans l'espace avec des vitesses 20, 30, 40, 60 fois supérieures à celle d'un obus au sortir de la pièce, leurs distances sont telles qu'après des siècles et des siècles cette vitesse insuffisante n'a presque en rien dérangé pour nos regards les figures géométriques que leurs positions dessinent sur le fond noir du ciel et n'a d'aucune quantité appréciable diminué ou augmenté leur éclat !

Chacune donc de ces étoiles est un foyer incandescent d'une intensité telle que *chaque mètre carré* de sa surface pourrait faire mouvoir indéfiniment une machine à vapeur de 100.000 chevaux !

Nous reviendrons sur ce fait : l'incandescence universelle ; donnons auparavant quelque attention à la fixité et à la stabilité apparente des étoiles ; rien ne peut mieux faire comprendre l'immensité des espaces interstellaires.

Si vous êtes sur le quai d'embarquement d'une petite gare au passage de l'express, vous le voyez passer devant vous en coup de foudre ; mais si vous regardez ce même express d'un point de vue éloigné, vous le verrez se mouvoir avec lenteur, et si votre point de vue était plus éloigné encore, vous pourriez, à moins de prendre un point de repère, le croire immobile. C'est le cas pour tous les astres, tous sont en mouvement, et c'est leurs mouvements qui rendent stables leurs situations respectives.

S'ils étaient immobiles, ils obéiraient aux forces d'attraction qui les relient et se précipiteraient, d'abord lentement, puis avec une vitesse croissante, les uns sur les autres, pour ne former enfin qu'une seule masse. — Colossal foyer sans mensuration, sans évaluation possible, puisqu'il serait seul : autocrate solitaire et monstrueux qui n'éclairerait rien ni personne, et sur lequel, quand les temps nécessaires à la dispersion dans l'Infini de son accumulation de calorique seraient écoulés, sur sa surface refroidie, l'attraction s'exercerait tellement intense que chaque molécule serait fixée immobile et qu'aucune vie n'y pourrait exister, qu'aucune vie n'y aurait pu naître (1). Le mouvement est donc non seulement la condition de l'équilibre des mondes, mais la condition de la vie dans l'Univers.

J'ai dit que ces mouvements des étoiles dénommées fixes peuvent nous donner une idée plus saisissante de l'immensité des espaces interstellaires qu'aucune addition de chiffres, lesquels, arrivés à une certaine grandeur, ne disent plus rien à notre pauvre cervelle. Donnons-y donc quelque attention, ce ne sera pas perdre notre temps.

Vous avez assurément, tous, remarqué Sirius, cette superbe étoile qui dans les belles nuits d'hiver brille sur la même ligne que les trois étoiles du baudrier d'Orion, dans la direction sud-ouest. Visible presque en plein jour, sa teinte blanche, légèrement bleuâtre, quand elle scintille comme un diamant incomparable, la fait, parmi toutes ses sœurs, reconnaître tout de suite.

(1) En réalité, cette concentration ne pourrait être que partielle, l'étendue n'ayant pas de limites n'a pas de centre (au sens d'unique). Donc la matière, même en repos et soumise aux seules forces d'attraction, n'aurait aucune raison de se concentrer ici plutôt que là. Et puis, en supposant un centre formé, les corps *s'y précipitant de l'infini*, la concentration n'en serait *jamais* achevée. Pour l'éternité, ce serait encore la vie et le mouvement sous une autre forme ; pour l'éternité ce serait encore radiation de chaleur, d'électricité et de lumière. — Ce serait encore et à jamais le mouvement et la vie.

L'idée d'infini est inséparablement unie à l'idée de vie éternelle.

L'étude des mouvements de ce soleil grandiose et magnifique a fait connaître qu'il se meut dans le ciel en sens inverse du nôtre. Il s'éloigne de nous. Il s'éloigne avec une vitesse de 35 kilomètres par seconde.

Vous entendez bien, chaque seconde augmente la distance qui nous sépare de cette étoile de 35.000 mètres (soit donc la distance de Lyon à Villefranche), cela fait par jour trois millions de kilomètres (75 fois le tour du monde !). A chaque année la distance s'augmente de 275.000.000 de lieues (8 fois la distance de la terre au soleil !).

Il y a des siècles et des dizaines de siècles, ce mouvement d'éloignement s'accomplissait comme aujourd'hui. Il s'accomplissait au temps où Alexandre de Macédoine, cet autocrate révéré qui fit crucifier Callisthènes pour ne l'avoir pas adoré, préludait à ses vastes brigandages d'Asie par le sac de Thèbes et de Tyr. Depuis lors de vastes empires se sont fondés et se sont écroulés. Rémus et Romulus ont jeté les premiers fondements de Rome, et la ville vampire, après avoir absorbé toute l'Italie, convoita la domination du monde. — Lentement elle poursuivit son but et le réalisa presque par la patience, la duplicité et la violence ; l'empire romain des César et des Auguste parut indestructible..., et de son règne il reste à peine des vestiges, et de ses plus superbes monuments il ne reste que des ruines ! — A sa suite les nations modernes pendant le long moyen âge se sont élaborées, déjà plusieurs donnent des signes de caducité ; et pendant tous ces âges, toujours la magnifique étoile s'est éloignée sans trêve, sans répit, de 35.000 mètres par chaque seconde, de 126.000 kilomètres à toutes les heures, de 275.000.000 de lieues pour chaque année, si vite écoulée. Et cependant le pâtre des plaines assyriennes qui en parcourait les solitudes avant qu'Alexandre ne fût, et le mage égyptien qui la contemplait avant que les plaines d'Égypte ne portassent les pyramides, pâtre et mage ne la voyaient pas briller de plus d'éclat que nous la voyons aujourd'hui !

Elle continuera à s'éloigner avec sa vitesse vertigineuse soixante fois plus rapide que le vol d'un obus au sortir de la pièce, et cependant nos arrière-petits-enfants, ceux qui ne naîtront que dans des siècles, à des époques où les idoles du temps présent, qui nous paraissent si formidables, seront depuis longtemps effacées; cependant nos arrière-petits-enfants verront toujours la reine des étoiles briller de son même éclat, non atténué!

Du côté opposé du ciel, visible dans les beaux soirs d'été, la blanche Véga brille alors au Zénith, droit au-dessus de notre tête ; facilement reconnaissable à la tête de son losange de quatre petites étoiles, où les anciens croyaient voir une lyre, elle aussi se meut. Mais au contraire de Sirius son mouvement la rapproche de nous et sa vitesse est plus grande encore, elle atteint 71 kilomètres à la seconde! (3.600 fois la vitesse d'un train express !) Mais ce prodigieux rapprochement n'augmente point son éclat d'une appréciable façon. Nos pères ne la voyaient pas moins belle quand ils campaient nomades dans les clairières des forêts druidiques. Et sa course se continuera jusqu'à ce que la mémoire de nos temps soit oubliée sans que le regard de nos enfants sente sa splendeur s'accroître !

Cependant Sirius et Véga sont, parmi les étoiles, de nos proches voisines, de celles si peu nombreuses dont on a pu mesurer la parallaxe; ce qui veut dire que de leur distance le diamètre de l'orbite terrestre est encore une quantité appréciable, quelle grandeur ont donc, dans la réalité, ces points lumineux qu'un fil d'araignée suffit à occulter même en les grossissant dans nos meilleures lunettes ? — Voici : Véga est estimée 500 fois plus volumineuse que notre soleil ; selon toute probabilité Sirius l'est 1.600 à 1.800 fois ! — Ces deux astres sont-ils des exceptions ? — appelons-en un troisième. Voici Capella, étoile de première grandeur, qui a la complaisance de rester constamment au-dessus de notre horizon. (Les brouillards et les nuages font qu'elle n'est pas toujours visible, même de nuit. Mais ce n'est pas sa faute, sous nos latitudes, elle ne se couche jamais).

Son éclat est légèrement jaune, précisément comme celui de l'étoile Hélios, notre soleil. Sa distance est évaluée à 170 trillions de lieues; abîme que la lumière ne met pas moins de 71 ans et 8 mois à franchir.

Peu d'entre nous étaient donc nés quand le rayon de lumière qui nous en arrive à cette heure fut lancé par ses vibrations lumineuses, et, ainsi qu'on l'a fait observer, une catastrophe viendrait à l'anéantir, que pendant près de soixante-douze ans nous continuerions de la voir de même toujours belle et radieuse, inébranlée sur son trône de vie et de lumière. Le messager chargé d'en informer nos yeux, ce messager qui devance tous les autres, qui court *15.000.000 de fois plus vite que nos trains express*, qui dans une seconde et quart fait autant de chemin que l'un d'eux pourrait en faire en marchant jour et nuit pendant un an, ce messager, parti à l'heure de notre naissance, nous laisserait vieillir avant de pouvoir nous informer de la tragique nouvelle !

Pour nous rassurer sur cette éventualité nous allons, si vous le voulez bien, apprécier les dimensions de l'astre en question et, pour cela, nous livrer à un rapide calcul. Nous avons dit que Sirius est environ 1.800 fois plus volumineuse que notre soleil. Capella qui est quatre fois plus éloignée devrait, à volume égal, nous apparaître d'un éclat 16 fois moindre. En réalité cet éclat est au moins des 22 centièmes, ce qui accuse une irradiation quatre fois plus intense. Mais comme cet astre est de la catégorie des étoiles jaunes dont l'irradiation proportionnelle est deux fois moindre que celle des étoiles blanches, il en résulte que sa surface est 8 fois celle de Sirius et son volume 24 fois plus considérable, 24 fois 1.800 font 41.200. C'est donc à ce chiffre de 41.000 fois la grosseur du soleil que nous devons estimer le volume de Capella. Mais le soleil est lui-même 1.280.000 fois plus volumineux que la terre. 1.280.000 multiplié par 41.000 nous donnera la comparaison de notre monde avec cette étoile que les astronomes dénomment *A du Cocher*. C'est 52.480.000.000. Donc notre globe tout entier avec ses gigantesques montagnes, qui lassent l'énergie humaine et dont beaucoup sont restées jusqu'ici inaccessibles ; avec ses vastes empires, ses océans bien plus vastes encore ; notre globe si vaste que l'effort accumulé des générations n'a pu l'explorer encore, et que tout le travail humain n'en a fouillé et n'en fouillera jamais qu'une insignifiante parcelle, notre globe tout entier n'est pas la 50 milliardième partie de cette étoile ! — La cinquante-millardième partie ! c'est-à-dire une fraction si minime qu'il est impossible de l'apprécier — c'est un centime comparé à la fortune rassemblée de 50 millionnaires ! c'est une seconde de temps ajoutée à la durée de nos vieux aqueducs romains qui tombent en ruines depuis tant de siècles ! — Une seconde de plus ou de moins ne les vieillira pas, et cependant elle accroîtra leur âge dans la proportion où notre globe précipité sur Capella accroîtrait son volume !... Décidément, c'est vrai, nous sommes peu, peu de chose ! — Et, parfois, il nous plaît de constater cette infime petitesse, car d'autant se trouve diminuée, au regard de la pensée, l'ombre que l'infamie humaine jette sur l'Univers.

Mais, ayant pris, comme étendue, comme durée et comme masse, quelques vues de l'Univers, il est temps que nous abordions sans autre diversion la solution du problème posé.

Nous avons dit qu'une chose s'impose à la pensée : c'est l'état d'incandescence dans lequel se trouvent tous les astres que notre vue peut atteindre. Chacune de ces étoiles est un soleil en ignition, qui, comme notre soleil, rayonne dans l'espace chaleur et lumière depuis des millions d'années sans que l'énergie dans l'ensemble paraisse diminuer.

Cet état, cependant, n'est pas éternellement stable. L'énergie calorifique et lumineuse se dépense, un jour elle sera épuisée.

Mais, puisque passagère, elle est universelle, ce fait nous atteste une *communauté d'origine*.

Tels dans un champ de blé, les épis sont variés, les uns sont faibles, les autres forts; les uns ont grené, les autres pas ; les uns sont debout, les autres versés : cependant le fait que, lorsque juillet est venu, tous jaunissent, ce fait atteste, par lui seul, que leur germination eut une cause, une origine commune.

Oui, à vue humaine du moins (car, en toute chose, notre ignorance est grande, et, dans ces questions cosmogoniques, ce que nous savons comparé à ce que nous ignorons, c'est un rien plus infime encore que l'invisible atome comparé à Capella !), à vue humaine, les soleils n'ont pas toujours existé; leur énergie qui se dépense a commencé, et, même en admettant des réserves d'énergie, entrevues ou insoupçonnées, ces réserves s'épuiseront. A vue humaine, l'état présent du ciel finira, les étoiles passeront. Mais alors à quelle cause attribuer cet état actuel qui a commencé et qui finira ?

Si, aidés des déductions de la science (toujours bien incertaines, je le redis), nous remontons par la pensée jusqu'aux temps où les astres n'étaient pas formés, nous arrivons à une époque que l'on appelle cahotique, pendant laquelle la matière existait à l'état disséminé, remplissant uniformément l'étendue de ses atomes, sans cohésion les uns avec les autres.

Les premiers éléments des sciences physiques nous apprennent (ceci avec une absolue certitude) que la matière change d'état, mais qu'elle ne se crée ni ne s'anéantit. La goutte d'eau projetée sur le fourneau incandescent et qui, si vite, a disparu en crépitant, subsiste toujours intégralement, à l'état de vapeur. Cette vapeur recueillie dans un alambic la reconstituerait, vous le savez, avec son même poids, son même nombre d'atomes.

Les sciences, un peu plus transcendantes, mais toujours certaines, nous apprennent que ce qui est vrai de la matière est vrai aussi du mouvement. Lui aussi ne se crée ni ne se détruit, mais se transforme seulement. Et de même qu'il n'est donné à aucune puissance humaine d'augmenter ou de diminuer d'un atome la quantité de matière subsistante, il ne lui est pas donné d'augmenter ou de diminuer de rien le mouvement existant.

Comme nous faisons de la science ici et non de la métaphysique, scientifiquement, nous pouvons dire que la quantité de matière qui existe actuellement dans l'univers existait dès les origines, et, non seulement la matière, mais le mouvement (1).

Donc, à l'état cahotique et disséminé, la matière était en mouvement par rapport à elle-même. C'est-à-dire que des courants en sens inverse existaient, causant sur leurs cou-

(1) Il n'est peut-être pas inutile de donner sur ce sujet quelques explications.

Prenons un exemple : des artilleurs viennent de tirer un coup de canon : l'obus est lancé en avant avec une vitesse de 600 mètres par seconde. Alors, en direction opposée, la pièce éprouve un *recul* exactement correspondant. Sa vitesse a été moindre, parce que la pièce et l'affût représentent un poids considérable comparé au projectile. Mais si les deux objets étaient de même masse la vitesse en sens opposé serait rigoureusement pareille.

Dans l'ensemble, il n'a donc été créé aucun mouvement. Quand la résistance de l'air, de la terre ou d'un obstacle quelconque auront usé ces deux mouvements qui s'annihilent l'un l'autre, les choses seront absolument en l'état comme devant.

Sous différentes formes c'est le cas universel.

ches externes en contact des frottements, lesquels donnaient lieu à des mouvements tourbillonnaires, comme il arrive nécessairement lorsque deux fluides mus en sens opposé se rencontrent. C'est ce que nous pouvons voir dans nos cours d'eau et dans les courants atmosphériques, lorsque, par exemple, à l'automne, les feuilles tombées voltigent en tourbillons.

De cette matière disséminée dans l'infini, les courants déterminaient donc des mouvements tourbillonnaires d'une immense variété et, beaucoup, d'une immense étendue. Chacun de ces derniers fut la genèse d'un monde. Non pas d'un globe comme celui que nous habitons, lequel n'en est qu'une fraction, mais la genèse d'un monde complet, c'est-à-dire d'un groupe d'astres avec foyer central, groupes secondaires et satellites.

C'est de ces systèmes complets que nous allons étudier la formation en prenant comme type et comme exemple celui que nous connaissons le mieux : le monde solaire.

Notre démonstration s'appuiera sur l'hypothèse scientifique, universellement admise aujourd'hui, et qui est celle de Kant et Laplace, modifiée par M. Henri Faye en conséquence de la découverte du mouvement rétrograde des satellites d'Uranus et de Neptune.

Comme préliminaires, constatons que la forme sphérique dans laquelle les molécules superficielles sont à égale distance du centre est la seule forme naturelle que puisse prendre un amas quelconque de matière qui n'obéit à aucune autre force que l'attraction mutuelle ou la cohésion de ses atomes constitutifs : — la goutte de rosée suspendue à l'extrémité aiguë du brin d'herbe ne peut être que sphérique ; — la bulle de savon que l'enfant a soufflée, laissée à elle-même et flottant dans l'air calme, est d'une sphéricité géométrique parfaite. Un amas de matière isolé dans l'étendue, quelles qu'en soient les dimensions, soumis à la seule force attractive de ses molécules, prendrait, comme la fine gouttelette de rosée, la forme sphérique, en le supposant au repos.

Mais ce n'est pas le cas. Le mouvement de translation s'est partiellement transformé en mouvement circulaire et nous allons voir que ce mouvement de rotation, d'abord excessivement lent, tend à s'accélérer à mesure que la condensation vers un centre fera se contracter la masse de matière désormais agglomérée ; masse qui sera un astre, mais qui, dans son premier état, lorsque la force tourbillonnaire l'a détachée de la masse cahotique, constitue une indécise nébuleuse. Cette nébuleuse a commencé sa condensation, laquelle s'opère sur une telle échelle qu'elle constituera, par retrait de la matière, la moitié de la distance qui sépare le soleil des étoiles ! l'autre moitié est donnée par le retrait des autres masses tourbillonnaires.

Combien de millions, de milliards ou de trillions de siècles ont dû s'écouler pour amener ce premier résultat, nous n'avons aucune base de raisonnement pour l'évaluer, mais il apparaît bien de prime abord que, comparées à elle, toutes nos évaluations de temps sont peu de chose.

Cependant cette durée ne doit pas avoir été incommensurable puisque, en somme, variée nécessairement, la différence du temps de concentration pour ces masses tourbillonnaires n'a pas en moyenne dépassé la durée de la période d'énergie radiante des étoiles, lesquelles, par millions, brillent à la fois.

La concentration qui change l'amas de matière cahotique en nébuleuse s'est opérée. Celle-ci est vaste encore; d'un diamètre plus grand que le diamètre de l'orbite actuel des plus reculées planètes. Dans cette masse tournant sur elle-même, il est évident que les molécules qui se meuvent avec le plus de vitesse sont les molécules situées dans les zones équatoriales, les plus distantes du centre.

Dans l'étendue illimitée, et à l'état diffus, chaque atome de matière, sollicité également dans toutes les directions par les forces attractives, ne pouvait obéir à aucune; donc la pesanteur n'existait pas. Mais un centre s'est formé lorsque deux mouvements de sens opposé ont amené une condensation et qu'autour de ce centre les atomes retenus par l'accroissement des forces attractives ont pris le mouvement gyratoire ou tourbillonnaire. Et à mesure que la portion de matière cahotique a pris forme, qu'elle s'est individualisée, vers ce centre où convergent les forces attractives, la pesanteur, désormais agissante, y comprime les matériaux.

Malgré l'opinion de M. Faye, c'est bien à ce centre de condensation et de compression que se forme un noyau d'incandescence.

La chute et la condensation des atomes, *cause primordiale de l'incandescence des astres* et source de chaleur dans l'univers, la chute et la condensation des atomes se continuant, l'élévation de température se communique à toute la masse et la chaleur développée sera un obstacle à l'achèvement de la condensation qui en transformerait les matériaux gazeux en liquides et en solides. Leur haute température dans les couches profondes les maintiendra à l'état chimique de corps simples; à l'état physique de corps gazeux.

Cependant l'astre en se formant a commencé de rayonner lumière et chaleur dans l'espace, et ce rayonnement s'effectue par les couches superficielles, lesquelles ainsi se refroidissent et peuvent partiellement achever leur condensation moléculaire.

Mais de ce changement d'état s'accroît leur densité, et, celle-ci augmentant, la pesanteur les entraîne vers le centre.

En s'en rapprochant les matériaux condensés à la surface rencontrent dans les couches profondes un milieu de température élevée et ceux qui viennent des couches équatoriales rencontrent un milieu dont le mouvement de rotation est moins rapide que le leur, auquel ils tendent à communiquer leur vitesse linéaire. Il en résulte pour toute la masse de l'astre en retrait une accélération continue de sa vitesse de rotation.

C'est le principe qui veut que le mouvement ne s'anéantisse point. *La même somme de mouvement existera chez l'astre condensé, diminué de volume, que dans la nébuleuse primitive et gigantesque.*

Ce n'est pas assez dire : l'astre diminue d'étendue par le rapprochement, la chute de ses molécules externes. Celles qui sont dans les zones équatoriales ne tombent pas au centre, mais, entraînées par leur vitesse de translation, tendent à tomber en avant du centre, et leur vitesse de chute qui ne sera pas transformée en chaleur et électricité se résoudra en une accélération du mouvement rotatoire *(Fig. 1)*.

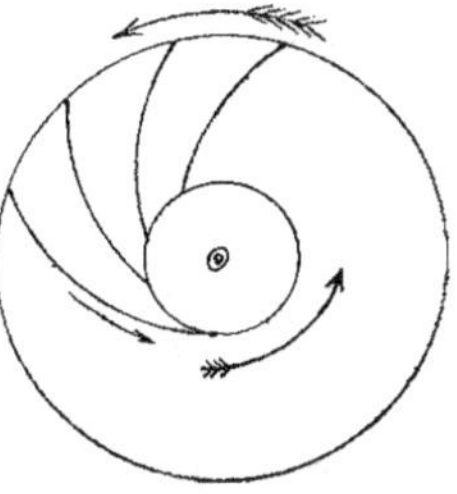

Fig. 1

L'attraction qui rapproche deux atomes est à la fois génératrice de chaleur, de lumière et de mouvement (1).

(1) Pour rendre notre pensée plus claire citons un exemple :
La comète de 1843 à son périhélie s'est rapprochée à 201.250 lieues du centre de la sphère solaire, soit à moins de 30.000 lieues de sa surface. Si donc la distance périhélie avait été d'un sixième plus courte encore le *centre* de la comète touchait la surface solaire, et sa vitesse au moment du contact eût été d'environ 600 kilomètres par seconde ! Cette vitesse est 300 fois supérieure à celle de l'équateur solaire. — En supposant l'orbite de la comète de sens direct elle eût choqué la surface solaire de biais, comme la queue du joueur de billard qui veut donner de l'effet choque la bille, et ce mouvement de chute formidable se fût partiellement transformé en mouvement circulaire, augmentant proportionnellement la vitesse de rotation de l'astre du jour. L'attraction du soleil qui depuis l'aphélie de l'orbite cométaire (depuis 4.000 ans, si je ne me trompe) la rappelait à lui, aurait donc agi comme une force intime propre à augmenter sa vitesse de rotation sur lui-même.

La masse nébuleuse, supposée mue d'un mouvement rotatoire à peine appréciable, avait elle-même, dans l'attraction mutuelle de ses atomes, la force nécessaire pour accélérer, jusqu'à des ruptures successives, sa vitesse de rotation.

Mais la forme sphérique qui existerait parfaite si la masse était en repos est transformée en une sphère aplatie, de forme lenticulaire, par l'action de la force centrifuge toujours croissante, laquelle, nulle aux pôles, exerce son maximum d'action dans la zone équatoriale qu'elle distend de plus en plus.

Cependant la vitesse de rotation continuant de s'accroître et, corrélativement, la force centrifuge, il va arriver un moment où celle-ci l'emportera sur les forces centripètes (1).

Pour bien nous faire comprendre, reprenons la même pensée sous une autre forme : — Étant donnée une sphère tournant sur elle-même en un temps déterminé, cette sphère ne peut avoir qu'une grandeur limitée. Au delà de cette dimension, la force centrifuge l'emporterait sur les forces d'adhérence quelles qu'elles soient, et, en la supposant un corps solide, elle volerait en éclat. Pareillement une sphère d'une grandeur donnée ne peut tourner sur elle-même qu'avec une vitesse déterminée, et, si cette vitesse est dépassée, elle se brise en fragments, qui sont lancés dans toutes directions parallèles à son plan de rotation. — C'est ce qui arrive pour les grandes meules ou les grands volants d'usines lorsque l'on donne aux machines une trop grande rapidité ; et c'est pourquoi, par exemple, dans l'usine Manesmann à Remscheid, le grand volant, qui doit emmagasiner tout spécialement une grande puissance, est formé sur tout son pourtour d'un enroulement de fils d'acier, lesquels assurent une résistance maxima à l'éclatement.

(1) Il est remarquable que les forces d'attraction, cause principale de l'accroissement de vitesse rotatoire, engendrent ainsi la force qui annulera leur action, comme force directe.

Notre nébuleuse tournant sur elle-même avec une vitesse croissante, la ligne idéale où les forces centrifuge et centripète se neutralisent est de moins en moins éloignée de la surface équatoriale, et, le phénomène se continuant, elle viendra affleurer ses couches extrêmes.

Si les atomes n'y avaient entre eux aucune cohésion, ils s'écarteraient dès ce moment les uns des autres et la rétraction dans le plan de l'équateur ne s'opérerait plus.

Ceci vaut la peine que l'on s'y arrête car c'est l'une des questions que les savants ont su le moins bien voir.

M. Faye, par exemple nous dit : « Les anneaux nébuleux se composent de *particules discontinues* ne faisant pas corps ensemble (1). »

Si les anneaux se composaient de particules discontinues, il n'y aurait pas d'anneaux, parce que ceux-ci n'auraient pu se former. Une à une les particules se seraient séparées et séparées uniformément. L'effet de la force centrifuge en ce cas eût été de reconstituer une sorte d'*état diffus* de la matière.

Pour qu'il y ait formation d'anneaux, il faut qu'il y ait séparation en bloc; il faut qu'une certaine étendue de l'atmosphère solaire *faisant corps ensemble* ait été détachée, après rupture, du reste de l'atmosphère solaire, non pas quand, par suite de l'accélération de la rotation, la ligne d'équilibre vint affleurer aux plus lointaines molécules, mais lorsqu'elle se fut abaissée à l'intérieur de l'astre, de la moitié au moins de la largeur de l'anneau. Si les atomes n'avaient entre eux aucune adhérence il est impossible d'expliquer que les particules de matière se soient détachées à telles et telles distances et se fussent ensuite arrêtées pendant des espaces immenses — large par exemple, entre Uranus et Saturne, de plus de 300 millions de lieues, — même en

(1) *Sur l'origine du monde*, page 165.

tenant compte du rétrécissement que la formation de la planète a opéré! Et puis quand donc auraient commencé les forces d'adhérence et d'attraction moléculaires si elles n'étaient propriété inhérente à la matière?

Non, malgré les noms très illustres de Laplace, de Faye et d'autres éminents géomètres et astronomes qui ont épousé cette manière de voir, elle est erronée. En réalité, pour que la matière ait pu former des anneaux, il a fallu qu'elle possédât à ce moment une union atomique qui en faisait un fluide, élastique, impondérable, mais dans une mesure adhérent à lui-même, comme adhère à la surface d'un liquide le disque plat qu'on en veut séparer.

Cela étant, chaque formation d'anneau détermina une véritable rupture de forces moléculaires, cette rupture n'a pu s'accomplir que lorsque la pénétration de la ligne d'équilibre fut assez profonde dans les couches équatoriales et certainement très rapprochée de la ligne de séparation.

Un phénomène gigantesque s'est alors passé : d'un côté l'anneau, qu'élargissait la tension entre les deux forces contraires qui le sollicitait, s'est brusquement rétracté; ses parties internes possédant la force centrifuge en excès se rapprochèrent des plus distantes, et, d'autre part, l'atmosphère solaire distendue par son adhérence à la face interne de l'anneau s'est brusquement rétractée, obéissant à la fois à l'attraction centrale, pesanteur, et à l'attraction moléculaire, élasticité. Ainsi des deux parts, à la suite de la force d'adhérence brisée, les molécules extrêmes ont accompli une véritable chute.

Ce mouvement, relativement brusque, de rétraction fut la cause première qui empêcha l'anneau de se constituer en équilibre stable qui aurait pu en assurer la durée. — Et puis, sans faire une supposition hasardée, nous pouvons penser que la séparation ne s'est pas accomplie sur toute la circonférence à la fois, mais qu'il a dû se produire sur une ligne peu étendue d'abord une ouverture, sorte de ganse allongée qui s'ouvrit précisément là où l'anneau se trouvait le plus fort. — Sur ce point les forces d'adhérence étant rompues, l'anneau, que le tiraillement de forces opposées distendait, donnant à sa section la forme ovoïde, prit la forme circulaire, et, de ce point, le *déchirement* se continua de droite et de gauche, jusqu'à la rencontre au point diamétralement opposé.

Mais, vers la région de rupture, les matériaux proches ont, pour ainsi dire, coulé, augmentant sa masse et sa densité. Il s'est ainsi formé un centre de forces attractives. Désormais l'anneau tout entier s'est trouvé en équilibre instable. Ce noyau (futur centre de la planète) se grossit d'abord des molécules voisines, puis, de proche en proche, son influence se transmet par les forces moléculaires, jusqu'au point opposé du diamètre où l'anneau se rompra.

C'est alors une chute formidable, car, pour les plus éloignés des matériaux, cette rétraction équivaut à une hauteur de chute du diamètre même de l'anneau !

Soit, si nous prenons pour exemple l'anneau qui formera Uranus, de 1.400 millions de lieues. Et ces 1.400 millions de lieues sont parcourues en sens opposé. La somme de ces vitesses, par rappel à un centre commun, se réduira à zéro, transformées entièrement en chaleur, en lumière, en électricité, dans un choc prolongé et de plus en plus formidable qui durera dans le cas qui nous occupe plus d'un siècle !

Et c'est uniquement à ce fait que la planète en formation doit de se trouver à ses origines posséder une somme de calorique qui maintient tous ses éléments à l'état de gaz incandescent. Car il est logique de penser que, vu leur développement en étendue et leur faible densité, les matériaux qui formèrent l'anneau avaient, par rayonnement dans l'espace, perdu toute chaleur propre.

Maintenant un problème très intéressant se pose :

Quelles étaient, une fois l'anneau formé, mais avant sa rupture, les couches qui se trouvaient douées du mouvement de translation le plus rapide? Sont-ce les couches internes ou les couches externes? Cette question est intéressante parce que, suivant la réponse, la planète qui va se former tournera sur elle-même de droite à gauche (dit sens direct) ou de gauche à droite (dit sens rétrograde).

Nous nous rappelons que la formation de l'anneau a précisément pour cause l'accélération du mouvement de rotation de l'astre générateur. Donc les parties externes de l'anneau, les premières abandonnées, eurent à l'origine un mouvement moins rapide et les dernières molécules abandonnées, celles qui formèrent les couches internes de l'anneau, s'y adjoignirent douées d'une vitesse supérieure. Grâce à la fluidité des éléments et grâce à ce que la cause ne cessa pas d'agir, ce fait dut subsister pendant tout le temps de sa formation. Mais lorsque la séparation fut accomplie, les choses ont dû rapidement changer.

Nous avons vu que pour que la matière nébuleuse se pût former en anneaux séparés, il fut nécessaire que ses matériaux possédassent entre eux une certaine cohésion, une adhérence moléculaire. Si ténue que soit cette adhérence elle suffit pour que l'anneau abandonné à lui-même forme un tout, et le mouvement de retrait qui changea sa forme, d'abord ovoïde et d'un ovale allongé, en anneau de section circulaire en les rapprochant a forcément mêlé ses atomes. Si donc il subsista quelque temps à l'état d'anneau séparé, il dut assez rapidement prendre une unité de mouvement dans toutes ses parties et circuler comme le ferait un anneau solide. Mais pour que ce résultat soit atteint il a fallu qu'il s'opérât un renversement des vitesses linéaires primitives. Les couches externes ayant un plus grand diamètre, donc une plus grande circonférence à parcourir dans la même unité de temps, acquirent une vitesse proportionnelle. De ceci il résulte deux cas inverses : si l'anneau s'est rompu presque aussitôt que formé la vitesse linéaire des couches internes étant restée supérieure à celle des couches externes, la planète dut prendre un mouvement de gauche à droite dit : sens *rétrograde* (fig. *A*).

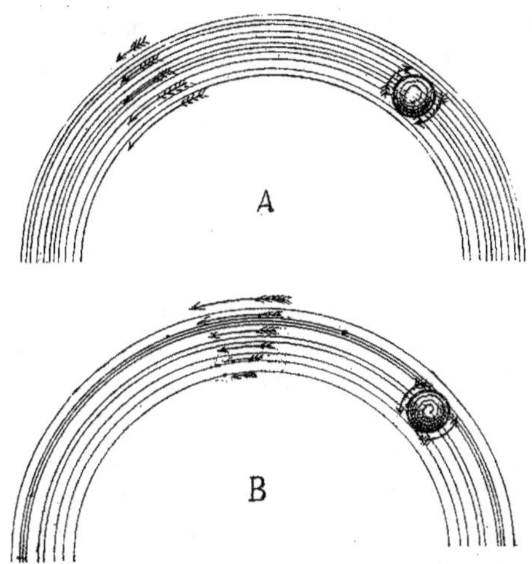

Si au contraire l'anneau subsista le temps nécessaire à la fusion de ses éléments, les couches externes eurent le temps d'acquérir leur vitesse de position, et après rupture, la planète formée tournera de droite à gauche, en sens *direct*. C'est dans le système solaire le cas de la majorité des planètes, de toutes celles anciennement connues, de Mercure jusqu'à Saturne. Et c'est le cas de notre monde qui voit se lever tous les astres à l'orient et les voit se coucher à l'occident. Il a fallu qu'Herschell découvrît la lointaine Uranus, sise à 700 millions de lieues du soleil, puis que Leverrier indiquât par le simple calcul où se trouvait une planète plus lointaine encore élargissant jusqu'à plus de 1.100 millions de lieues le domaine du monde solaire, pour que le cas opposé se rencontrât. En effet Uranus et Neptune se meuvent, elles et leurs satellites, en sens rétrograde.

Nous pouvons en conclure que leurs anneaux générateurs n'ont subsisté que peu de temps et se sont rompus presque aussitôt que formés.

Remarquons aussi que, dans ces premiers anneaux, la matière cahotique qui leur donna naissance était encore dans un état de diffusion extrême, ne laissant que très peu de prise aux forces de cohésion et d'adhérence moléculaires.

A partir de Saturne, tous les anneaux de matière successivement abandonnés eurent assez de densité et de cohésion, durèrent assez de temps pour changer l'ordre de vitesse de leurs molécules et circuler comme une masse adhérente.

Lorsque ces anneaux se furent brisés, ce fut pour chacun d'eux un recommencement des phénomènes que nous venons d'étudier. La planète, devenue incandescente par le choc prolongé de ses atomes mus, avec d'énormes vitesses, en sens inverse, se dilate par la chaleur et son mouvement de rotation qui va s'accélérer ovalise ses formes.

Cependant ses molécules superficielles se refroidissent par rayonnement, augmentent de densité; de gazeuses elles deviennent liquides et même solides, et descendent, attirées par la pesanteur, vers l'intérieur de l'astre qui se contracte et accroît sa rapidité de rotation.

Dire que ce phénomène donnera naissance à des anneaux d'où sortiront les satellites, ce serait nous répéter. Nous ne le ferons pas.

Mais puisque notre étude a pour sujet aussi *l'état physique de la matière au centre du globe*, et puisque nous devons à l'aide des inductions de la science porter la jauge de notre pensée là où le regard, même aidé des rayons X, ne saurait pénétrer, nous aurons à contempler notre monde depuis le moment où, masse incandescente et fluide, il se solidifia assez pour servir d'habitacle aux délicats et fragiles organismes dont les êtres vivants sont formés.

II

Quel est l'état physique de la matière au centre du globe ?

Notre future demeure est une immense sphère incandescente, déjà condensée cependant, car elle est pourvue d'un satellite né de sa propre substance et né par suite de sa contraction. Elle rayonne encore abondamment dans l'espace une chaleur cependant déjà bien diminuée.

Sous la double influence de *la pression* et du refroidissement, il se forme *vers son centre*, un noyau liquide qui va grandissant, car le refroidissement s'opère à la surface, mais la masse entière de la planète y participe. — C'est en somme le même phénomène que nous avons constaté dans la nébuleuse solaire : — les particules refroidies augmentent de densité et, sollicitées par la pesanteur, descendent dans l'intérieur de l'astre en décrivant une courbe dont l'aboutissant est en avant du centre de gravité. Leur chute détermine des contre-courants ascensionnels. Les matériaux que leur haute température a dilatés remontent à la surface ; là ils se refroidissent et, densifiés, retombent dans les couches profondes où ils iront reprendre à leur tour l'élévation de température qui les fera se réélever à la surface pour rayonner dans l'espace chaleur et lumière.

Nous disons chaleur et lumière, car leur émission lumineuse ne deviendra maxima qu'au moment où leur intensité calorifique aura diminué, qu'au moment où, de l'état gazeux, de fines particules passeront à l'état solide.

Car, vous le savez, si chaude que soit une flamme elle est peu brillante lorsque ses éléments sont exclusivement des gaz. C'est ainsi que le chalumeau à gaz hydrogène et oxygène qui fond le fer et le platine n'a qu'un très faible pouvoir éclairant, tandis que le bec Auer ne doit ses propriétés lumineuses qu'à un treillis d'oxyde solide, qu'il échauffe à une bien moins haute température. La photosphère du soleil ne doit ses propriétés éblouissantes qu'aux particules solides disséminées au sein de ses gaz incandescents. Mais solidifiées ces particules lumineuses qui flottent dans les plus hautes régions de l'atmosphère de l'astre incandescent vont se réunir, se condenser et retomber, véritable pluie incessante de molécules densifiées et refroidies, vers les profondeurs de l'astre fluide, déterminant l'ascension de constants courants ascendants dits courants de convection qui ramènent à la surface les éléments gazéfiés et dilatés par la chaleur.

Est-il nécessaire de faire observer que ce phénomène, qui subsiste toujours, permanent, sur le soleil et dans tous les astres maintenus à l'état fluide par leur haute température, dure encore sur notre globe? — Il y subsiste, sous une autre forme, à l'état intermittent : Quand les chauds rayons du soleil ont vaporisé l'eau à la surface d'une mer relativement tiède comme la Méditerranée, par exemple, ces vapeurs montent dans l'atmosphère, et, lorsque, poussées par les vents du sud, elles arrivent vers nos latitudes plus froides et que, comme des vagues qui se montent les unes sur les autres, elles gagnent les hautes régions, ou que leur élévation soit plus rapidement déterminée par la rencontre de la barrière de nos Alpes aux neigeux profils, ces vapeurs, pompées à la surface méditerranéenne, se refroidissent, se condensent, redeviennent liquides ou solides et se précipitent en pluie sur la plaine ou en abondantes neiges sur les cimes et sur les flancs des montagnes.

Ainsi la chaleur des basses altitudes est allée se perdre dans les hautes régions et se disperser dans l'infini.

La nature en action est toujours semblable à elle-même et ses procédés subsistent à travers les métamorphoses les plus variées.

De notre exposé il résulte un fait (et ce fait a longtemps été méconnu par les savants), c'est que le refroidissement n'atteint pas seulement les couches superficielles de l'astre incandescent, mais que sa masse tout entière y participe jusqu'au centre même. Le noyau liquide augmente donc incessamment d'étendue, et les éléments en se liquéfiant vont se placer par ordre de densités.

Ne perdons pas cependant de vue que cette liquéfaction dans les couches profondes a lieu sous l'influence d'énormes pressions lesquelles amènent ce résultat bien avant que l'abaissement de température soit suffisant pour les maintenir en cet état aux pressions ordinaires que nous connaissons. — Ce noyau central déjà liquéfié est donc cependant encore une intense fournaise, d'une température suffisante pour volatiliser n'importe quelle substance de nous connue. Dans ce milieu les forces physiques seules subsistent, mais toute combinaison chimique s'y dissocie en ses éléments primaires.

Ce n'est pas une supposition gratuite. Remarquons en effet que, seulement à la moitié du rayon terrestre, la pression est déjà d'environ 6 millions d'atmosphères (l'explosion de la poudre dans l'âme d'une pièce d'artillerie ne dépasse guère la pression de 5.000 atmosphères).

Si donc nous pouvions prendre des gaz enfermés à 1.500 lieues de profondeur et les amener dans leur état à la surface du sol, leur force d'expansion serait mille fois supérieure à celle de la poudre ! Ces pressions sont inimaginables et nous ne savons pas du tout quelles transformations elles peuvent faire subir à la matière. Ce que nous pouvons savoir, par exemple, c'est que dans ces profondeurs il n'y a plus aucune matière explosive : dynamite, mélinite, roburite et autres *ites* sont depuis longtemps matées, — qu'on les y fasse explosionner ou non c'est la même chose ; y en aurait-il des réserves comme la masse de toutes les montagnes réunies leurs gaz n'occuperaient pas un millimètre cube de plus après *l'explosion* (1) qu'avant. Et il n'y aurait aucun explosif capable de faire avancer d'un millième de millimètre le projectile dans une pièce descendue à ces profondeurs. Cette observation avait son intérêt parce que certains *palmés* parlent encore dans leurs rapports d'explosion possible des astres !

Mais nous nous sommes un peu écartés de notre sujet. Revenons-y. — Le refroidissement s'est continué, et la masse presque entière de la planète est passée de l'état gazeux à l'état liquide ; l'ordre des densités empêche désormais la pénétration directe des molécules refroidies dans les couches profondes. Le refroidissement va-t-il ne s'opérer désormais que dans les couches superficielles et l'excessive température des éléments liquéfiés sous hautes pressions va-t-elle se conserver au centre ? Il semble d'abord que la réponse doive être affirmative, et c'est bien ainsi que l'a fait la science officielle.

La science officielle a tort.

Si vous le permettez, je vous lirai à ce sujet quelques lignes d'un manuscrit que j'écrivais en 1874 et qui explique très clairement depuis cette époque comment les choses ont dû se passer.

« Nous avons à considérer comment le refroidissement va s'opérer dans une sphère liquide :

« Si la masse eût été homogène nulle difficulté d'en déter-

(1) En fait, on le comprend, il n'y aurait pas explosion : il y aurait changement d'état seulement et aussi paisiblement que le changement d'état de la glace qui se fond en eau.

miner la marche : en se refroidissant à la surface le liquide devient plus dense, traverse les couches plus chaudes et plus légères pour tomber vers le centre où il ne sera remplacé que par des couches plus denses et plus froides encore qui le forcent à se réélever jusqu'à ce que, refroidi de nouveau, il ait pris une densité nouvelle supérieure qui lui permette de revenir à la position centrale. Donc toute la planète participe au refroidissement et la température dans toute la masse suit sensiblement la même décroissance.

« Mais pour une sphère composée d'éléments hétérogènes et de densités variables les choses changeront-elles? Non, et voilà ce que nous avons à démontrer.

« Une petite expérience facile à réaliser serait ici nécessaire, et je me contente de l'indiquer : Plaçons deux liquides d'inégale densité, de l'eau et du mercure par exemple, dans un vase profond et de peu de largeur. Les parois de ce vase seront aussi peu que possible conductrices de la chaleur, en bois par exemple, enveloppé d'une couche de ouate ou de laine afin qu'aucune déperdition sensible de chaleur n'ait lieu de ce côté. Nous y avons introduit nos liquides à une température de + 60 et exposé le tout dans une salle dont la température est aux environs de zéro.

« Que va-t-il se passer? Le mercure treize fois plus pesant que l'eau s'est placé au fond, l'eau remplit la moitié supérieure du vase. Aucune déperdition ne pouvant avoir lieu à travers les parois et l'eau se trouvant en contact avec l'air froid de la salle va-t-elle être seule à se refroidir? On le pourrait croire, mais, en réalité, le phénomène est plus complexe. La couche supérieure de l'eau au contact de l'air se refroidit bien la première mais elle tombe immédiatement au fond, vient en contact avec le mercure qu'elle refroidit et détermine chez celui-ci le même mouvement de précipitation qu'elle a subi.

« Résultat : les molécules les plus froides de l'eau se portent continuellement en contact avec les couches les plus chaudes du mercure, elles lui soutirent son calorique, montent le perdre dans l'air de la salle et le refroidissement, qui ne s'opère qu'à la surface, s'accomplit cependant malgré la diversité des densités et l'imperméabilité des deux liquides dans toute la masse.

« Il arrivera même, si l'expérience est bien conduite, que le liquide de fond sera reconnu d'une température un peu inférieure au liquide de surface par lequel cependant l'émission de calorique a lieu.

« Or, cette expérience réalise précisément en petit ce qui s'est passé en grand dans la sphère terrestre, lorsque ses éléments étaient encore liquides. Malgré la diversité des éléments et des densités le refroidissement continua d'affecter la masse entière, comme si elle eût été composée d'une substance unique et homogène; et ce phénomène ne s'arrêtera que lorsque, par refroidissement, la viscosité sera devenue assez forte pour s'opposer au déplacement des molécules; que lorsque l'état de fluidité aura cessé, que lorsque la masse ne sera plus proprement liquide. Mais auparavant, de nouvelles forces seront entrées en jeu : les forces d'affinité entre éléments simples ou composés, – autrement dit les forces chimiques.

« La matière, depuis la formation de la planète, était maintenue à l'état dissocié par une température excessive, la diminution de celle-ci va permettre le mariage des éléments. Cet équilibre par ordre de densités qui paraissait stable pour toujours est détruit par l'entrée en action de ces forces inapparues encore : les affinités chimiques, qui vont agir et réagir avec l'énergie de forces *naissante*. L'oxygène, le chlore, restés gazeux, vont s'unir aux métaux alcalins : potassium, sodium, calcium, silicium, etc., dont les composés binaires, les bases alcalines s'uniront aux acides énergiques pour former des composés ternaires et quaternaires neutres, lesquels constituent les sels et les éléments des roches et de la vie organique future.

« Une nouvelle précipitation des atomes les uns sur les autres a lieu; combustion gigantesque qui développe dans le sein de l'astre une nouvelle source de calorique et qui bouleverse et même fluidifie à nouveau ses éléments dans toute la masse. C'est le prodrome des actions volcaniques et des tremblements de terre dont nous ne ressentons que les derniers frémissements.

« Ces actions chimiques durèrent tout un âge et cet âge est la préface des forces vitales qui vont pouvoir s'établir et subsister sur un globe que les actions chimiques ont pour ainsi dire brutalement aménagé. »

Mais à notre dernière question : *Quel est l'état de la matière au centre du globe?* il me semble que maintenant nous pouvons répondre : Cet état, lorsque la croûte commença à se former, était certainement demi-solide, car en toute certitude le refroidissement de ses matériaux s'est continué et propagé jusqu'au centre par voie directe tant que la chaleur a maintenu une certaine fluidité dans ses éléments. Les premiers linéaments des continents ne se sont pas formés sur une mer fluide mais sur une masse visqueuse et à demi solidifiée. Et depuis, pendant la lente formation de cette croûte, pendant son épaississement et les âges géologiques qui ont suivi, peu de changements se sont accomplis dans les couches profondes centrales, mais ce peu fut dans le sens d'un rapprochement de l'état solide.

Ah! lorsque sur cette sphère, ardente encore, mais dont un commencement de solidification a réduit au repos les atomes, jusque-là en constant mouvement; lorsque les fragments de matière solidifiée et obscure qui flottaient çà et là sur l'immense fournaise se furent rejoints; lorsque se fut fermée sur elle-même la carapace opaque interceptant à jamais le rayonnement lumineux et calorique qui depuis les premières heures de sa formation s'épandait glorieusement dans l'infini, il dut bien sembler que c'était la mort qui prenait possession de l'astre éteint et que l'intérêt qui s'attachait à lui était tout dans le passé.

Cependant c'était l'aurore d'un jour nouveau, et sur cette croûte grossière, obscure, la vie organisée allait naître.

Certes! il serait intéressant de suivre les phénomènes qui vont suivre; de voir sur ce sol vierge qu'une immense atmosphère entoure, car cette atmosphère tient en suspension, sous forme de vapeurs, la masse entière des océans, des fleuves et des mers; il serait intéressant de voir le refroidissement, devenu plus rapide, car presque seule la surface y participe désormais, de voir le refroidissement amener la condensation de ces vapeurs qui se précipitent en pluies torrentielles et universelles sur un sol encore brûlant qui les vaporise à nouveau, et quand enfin l'élément aqueux a définitivement vaincu et que son effort a fait se contracter et se fendre la croûte solide qui se rétracte tandis que la masse centrale reste à peu près de même volume; il serait intéressant de voir cette rétractation qui accroît leur compression donner lieu aux infiltrations et aux élancements de granit demi-fluide, de constater que les actions chimiques qui se continuent puissantes brisent d'ici, de là l'enveloppe qui d'abord trop étroite va ensuite se trouver trop vaste par le retrait de la masse intérieure (retrait qui ne laisse pas que d'être considérable car la solidification de la plupart des métaux comporte un *retrait* d'un dixième de leur volume), nous pourrions mettre en évidence comment cette double action donnera naissance aux plissements de terrains, au soulèvement des plateaux et des montagnes et aux creux des océans!

Enfin il serait intéressant de suivre en pensée sur ce sol ainsi aménagé par les actions chimiques et mécaniques les premières et mystérieuses manifestations de la vie. Mais il est tard, notre chemin fut parfois difficile; il est temps de terminer.

Admirons seulement en finissant deux choses : d'abord la myopie des écoles officielles qui ne savent guère y voir plus loin que le bout de leur nez, ne comprenant pas même les conséquences de faits et de lois qui leur sont connus, et surtout la simplicité d'action de la nature.

De ce fait, si simple, que la chaleur dilate les corps, qu'elle diminue leur densité spécifique, il en résulte que la masse tout entière des astres contribue à leur rayonnement et qu'il leur est permis de *durer*.

C'est grâce à ce fait que depuis des millions de siècles les étoiles brillent et que, pour des millions de siècles elles brilleront, j'allais dire : elles vivront encore (1).

Chacun de ces astres, en effet, est comme un organisme vivant doué d'une circulation complète; les régions centrales en sont le cœur. Vers lui les courants de convection ramènent le sang veineux, épaissi, c'est-à-dire la matière refroidie et

(1) Il est vrai que lorsque la continuation de la loi serait néfaste, il y a parfois interruption. Par exemple, l'eau a son maximum de densité un peu au-dessus de zéro, aux environs de + 4. C'est heureux ! car si l'eau en se refroidissant continuait toujours d'augmenter de densité jusqu'à son point de congélation et au delà, il arriverait que les glaces, au lieu de se former à la surface et de constituer une couche préservatrice, se formeraient dans les fonds.

Alors sous les hautes latitudes, là où les froids sont intenses et de longue durée, ce simple fait y amènerait la solidification complète des lacs, des mers et des océans, détruisant dans leur sein toute vie. Quant aux rivières, aux fleuves, excepté dans les creux des vallées, il ne saurait plus en être question, car en plaine toute dépression du sol, toute ravine se nivellerait. Et quand, au retour de l'été, la chaleur solaire liquéfierait les couches superficielles des neiges et des glaces, leurs ondes liquides se répandraient uniformément sur l'ensemble du pays, mais jamais elles ne se creuseraient de lits que chaque hiver comblerait.

il la refluidifie, la réimprègne de calorique, comme la circulation pulmonaire réoxygène le sang chez les vertébrés, et ce cœur renvoie incessamment aux extrémités le fluide vital renouvelé, chaleur et lumière, qui leur permet d'agir au loin dans les espaces et de manifester leur existence aux êtres chez lesquels la force psychique et une organisation supérieure ont créé la vie consciente, la vie pensante, la vie aimante.

Univers spirituel dont on a pu dire avec vérité que la moindre monade est plus précieuse et plus grande en un sens que tous les univers de matière, parce que même en l'écrasant, l'avantage que ceux-ci auraient, ils n'en sauraient rien. Et j'ajoute parce qu'en un sens la moindre monade spirituelle contient l'infini. En effet, tout à l'heure dans chacun de vos esprits, les univers, avec leur étendue sans limite dans l'espace et dans le temps, n'ont-ils pas, pour ainsi dire, été présents ?

Ne nous enorgueillissons pas cependant, le monde des choses nous dépasse de toutes parts et dans tous les sens. Un simple petit caillou est pour le penseur un monde de mystères; pour la science humaine un monde d'inconnus!

Et, si je suis parvenu, au cours de cette étude, à montrer à vos esprits la grandeur des univers, l'immensité des espaces où se meuvent les mondes que le télescope va chercher dans l'infini, vous aurez eu conscience à la fois de notre grandeur et de notre néant. Dans cette voie il nous reste un pas à faire. Il nous faut comprendre que l'ensemble de tous ces univers, si lointains que la lumière a mis des temps incalculables pour nous en parvenir et qui donnent le vertige à la pensée, tout à la fois par leurs dimensions propres, gigantesques, auprès desquelles tout notre monde n'est rien et par l'immensité de leur éloignement qui réduit toutes leurs dimensions à néant, il nous faut comprendre que tout cet ensemble, à jamais incommensurable, qui pour nous est l'infini, n'est encore cependant qu'un néant. Et que, par delà, l'Infini vrai reste encore complet, et que de cet infini qui commence où finit l'effort de notre pensée, à jamais notre pensée ne saura rien, rien.

Il nous faut comprendre que, lors même que ces univers illimités que la science entrevoit aux derniers confins de son domaine n'auraient plus de secret pour nous, nous ne saurions encore rien, car au delà et à jamais l'inconnu déroulerait ses champs, ses champs véritablement sans bornes! Il nous faut comprendre que cet infini qui contient nos infinis comme l'univers contient un point dénué d'étendue, subsiste de toute éternité et que les temps que les soleils ont mis pour se former et mettront pour passer ne comptent pas plus auprès de lui et infiniment moins encore que la durée d'un éclair ne compte dans l'histoire accumulée des peuples et des mondes.

Il nous faut comprendre que ces deux idées : infini et éternité, si nous parvenons à nous les représenter, emportent comme corollaire l'idée de conscience de soi. L'inconscience est le propre de ce qui passe, de ce qui semble être; la conscience de soi est le propre de ce qui est.

Il serait encore intéressant de nous demander si la matière disséminée du chaos primitif ne contenait pas en fait, comme force latente, comme *pensée existante*, l'organisation future des mondes, non pas seulement dans leurs mouvements astronomiques, mais dans l'intégralité de leurs transformations, et jusque dans l'organisation des êtres qui vivent à leur surface; il serait intéressant de nous demander si, à part les merveilles de la vie organisée, la pensée même n'était pas implicitement contenue dans l'amas nébuleux d'où sortiront les mondes, les mondes et leurs merveilles?

Ah! certes, je sais bien que ni notre regard ni notre perspicacité ne sauraient l'y voir. Mais nous voyons si peu, si peu de choses! — La base même de toute science c'est que rien ne vient de rien, rien de ce qui est ne retourne à rien. Or, comme c'est le monde spirituel qui a connaissance du monde matériel, l'existence du premier est d'une certitude plus évidente que celle du second.

Le gland tombé dans la forêt, à fleur de terre, qui s'entr'ouvre sous l'influence de l'humidité et de quelques rayons solaires et qui sans puissance apparente, enfonce dans le sol résistant sa faible tige, sa tige fragile, délicate, on pourrait presque dire *timide*, laquelle deviendra les racines d'un grand arbre : ce gland, avant même que de se fendre et de germer, contenait évidemment, en devenir, l'arbre au tronc puissant, aux branchages robustes, aux racines profondes. Et, si nous considérons, au lieu d'une graine, un œuf, le mystère sera plus merveilleux encore. Car en cet œuf inerte aucun microscope, aucune analyse ne saurait y découvrir la moindre trace de mouvement, rien de ce que nous appelons la vie. Si l'expérience ne le lui avait appris, le plus savant des hommes ne saurait l'y deviner, mais l'instinct (encore un mot qui couvre un monde de mystère et d'inconnu) l'instinct de la mère l'avertit qu'en le réchauffant sous elle et le couvrant patiemment, longuement de ses ailes et de son amour, il en sortira un oisillon qui deviendra semblable à elle, c'est-à-dire cette merveille des merveilles : un être vivant qui planera dans les airs, qui saura se diriger sans boussole à travers l'espace, chercher, quand l'hiver sera venu, les plages encore et toujours ensoleillées; retrouver son nid à travers 50, 100, 150 lieues de pays inconnus! qui sera l'artiste admirable qui remplit les bois de la plus suave harmonie. Évidemment, puissance et rapidité du vol; sûreté d'instinct; délicatesse et puissance d'organisation; sentiment de l'harmonie et mille autres choses encore étaient virtuellement contenus dans l'œuf inerte!

Et de même dans l'amas de matières cahotiques que nous trouvons à l'origine des mondes étaient contenues à l'état d'énergie de position, à l'état latent, toutes les énergies présentes, passées et futures de l'univers (celles que nous n'avons pas connues, celles que nous connaissons et celles que nous ne connaîtrons pas), sous quelques formes qu'elles se manifestent: mouvement, électricité, lumière, chaleur, toutes les énergies, toutes les forces, toutes leurs variétés, toutes, même celles qui président aux actes des êtres vivants.

Cet œuf colossal et mystérieux qui contenait la matière et le mouvement, contenait aussi en germe et en fait, très sûrement, la vie et la pensée.

Systématiquement nous bornons ici notre étude de l'univers aux faits d'expérience, aux faits dits *positifs*.

Dans cet ordre d'idées nous voyons l'univers (l'univers tangible à nos sens, *qui n'est pas plus l'univers intégral que les particules de poussière que nous voyons flotter dans un rayon de soleil ne sont l'air tout entier*), nous voyons l'univers arrivé dans l'humanité à la vie de la pensée, à la compréhension de faits universels, à la conscience de soi. Mais cet état n'est pas encore une fin, car nous voyons le monde travailler et souffrir comme s'il était en mal de l'enfantement d'une création supérieure où régnera enfin, avec l'intelligence, l'esprit de vérité, d'abnégation, la bonté et la justice universelle.

Et quelque chose de mieux encore que nous pouvons pressentir, mais que nous sommes impuissants à définir, comme le saurien monstrueux des âges oolithiques eût été impuissant à concevoir la délicatesse des merveilleux organismes qui devaient lui succéder.

Intelligence, bonté, justice, ces mots sont vieux, mais soyez sûrs que lorsqu'ils se réaliseront la chose sera toute nouvelle et qu'elle parera la terre de jeunesse et d'une splendeur encore inapparue. Nous en sommes moralement aussi loin que nous sommes matériellement loin des plus reculées étoiles. Mais un élément nouveau : la volonté, la liberté, est entré en action à l'apparition de l'être qui s'est senti responsable et qui ne peut plus ne pas l'être ; à l'apparition de l'être qui a senti, ayant la conscience du devoir, qu'il portait en lui quelque chose de plus grand que lui-même.

Nous sommes désormais les collaborateurs de la force universelle qui pousse le monde vers le progrès. Ouvrons notre intelligence à la lumière, à la vérité, ouvrons notre cœur à la pitié pour tout ce qui souffre et ne désespérons jamais. Le plus faible porte en lui le germe d'où sortira la transformation morale du monde ; le plus petit contient en soi des réserves de forces infinies ; le plus ignoré, s'il travaille en collaboration avec la force morale universelle, s'il s'appuie sur le bien, sur la vérité, sur la justice, porte en lui la fécondation de forces souveraines contre lesquelles aucune puissance de despotisme ne prévaudra. La conscience du juste est la véritable souveraine du monde ; si faible qu'il paraisse, s'il veut fermement la vérité, la vérité luira ; s'il veut fermement la justice, celle-ci se réalisera. Les temps de notre douloureuse genèse seront de par sa volonté diminués et sur un monde physiquement admirable, il aura travaillé à instaurer le règne de la beauté morale, le règne de Dieu.

APPENDICE

Ces derniers mots : « le règne de Dieu » veulent un brin d'explication. Car pour beaucoup d'esprits sincères l'expression Dieu est devenue suspecte. Ce n'est pas sans raison, il en a tant été abusé ! tant d'iniques institutions s'en sont référées ; de si hideuses tyrannies se sont couvertes de ce nom mystérieux qui pour être salutaire doit expressément synthétiser toutes les forces de justice et de vérité ; toutes les forces morales que la création arrivée à son plus haut point de développement sent dans son devenir.

Par Dieu, nous entendons non seulement les forces intelligentes qui se révèlent dans l'univers, depuis l'organisme de la plus petite fleur jusqu'aux nébuleuses qui préparent sans hâte, dans l'infini, l'éclosion des merveilles sans nombre que leur développement comportera, mais surtout l'ensemble de ces forces que la nature aveugle ne connaît pas et qui sont la bonté, la justice, l'amour de la vérité.

Dieu, pour nous, c'est non seulement l'âme de l'univers, mais c'en est surtout la conscience. Et là où il est surtout présent c'est dans la conscience de l'opprimé qui sent que malgré toutes les forces qui peuvent l'écraser sa révolte est éternellement légitime.

Mais qu'un sens tout opposé lui ait souvent été donné, c'est ce qui n'est pas contestable. L'histoire du passé et la vue du présent l'attestent doublement. En effet, depuis le grand inquisiteur d'Espagne faisant, jadis, dans des auto-da-fé (actes de foi !) qui étaient des fêtes religieuses et nationales, brûler par centaines les infortunés martyrs dont l'âme sincère ne s'était point assez bas pliée sous le joug orthodoxe, jusqu'à l'envoyé de la République française, le général Galliéni, qui fait exécuter au nom de « l'ordre » les patriotes hovas coupables d'aimer leur patrie, la justice et la liberté.

Depuis le tsar Pierre (Pierre le Grand s'il vous plaît !) qui commit certaines « peccadilles » comme d'assassiner à coups de bâton un sien serviteur qui ne s'était point, à son gré, assez vivement découvert devant lui, ou qui fit mourir dans les tortures son propre fils Alexis, coupable d'avoir « voyagé à l'étranger » et « peut-être pensé » autrement qu'il n'agréait au despotisme paternel, jusqu'à l'usinier bien pensant qui, seul ou en « compagnie, » exploite la faiblesse et la pauvreté, tous les détenteurs d'un pouvoir inique en ont, pour ainsi dire, divinisé l'origine.

Et pour l'ordinaire cette prétention bénéficie de l'appui des clergés officiels. — Saint Paul n'a-t-il pas dit que « toute puissance vient de Dieu » ? — C'est pourquoi, hier, quand des massacres, dont l'abomination brutale n'avait peut-être jamais été égalée, ont ensanglanté l'Arménie ; quand les villes et les villages y ont été incendiés ; quand les hommes y ont été torturés ; les femmes et les jeunes filles violées et les enfants égorgés, l'auteur responsable de ces manifestations de puissance a été couvert de la haute protection et du tsar et de nos gouvernants, représentés en la circonstance par leurs seigneuries le prince Lobanoff et M. Hanotaux. Les protestataires ne furent que des « trouble-fête » parmi lesquels l'on n'a point eu à compter sa sainteté le pape Léon XIII, occupé à de tout autres soins, ni sa majesté Guillaume II, qui n'a pas cru déplacé de venir s'asseoir à la table du sultan rouge et de mettre sa main impériale dans la main flasque et cependant lourde de tant de sang innocent.

Et pourquoi donc ? Le pape Grégoire XIII ne fit-il pas frapper, jadis, une médaille en commémoration de cette pieuse journée de la Saint-Barthélemy qui réunit comme en un faisceau toutes les splendeurs du guet-apens le plus infâme et de la cruauté la plus dépravée ? Ses félicitations à son « très cher fils, Charles IX, roi très chrétien » ne se rencontrèrent-elles pas en route avec les éloges pompeux du grand et très catholique monarque Philippe II, lequel en apprenant cette tant plaisante farce avait ri pour la première fois ? Bossuet ne chantait-il pas ses *Te Deum* sur les dragonnades glorifiant Dieu de ce fait que la conscience et la pudeur étaient ensemble violées par les soldats du grand roi ?

Cette tradition conservatrice s'est naturellement conservée. Les crimes de l'autorité seront non seulement excusés mais glorifiés. Peut-être bien même ne trouverait-on plus de Bourdaloue pour déclarer « qu'à la base de toutes les grandes fortunes il y a des choses qui font trembler ». Si nos Bourdaloue tremblent aujourd'hui c'est plutôt dans la crainte que l'esprit du vagabond de Galilée qui avait déclaré « qu'il est plus facile à un chameau de passer par le trou d'une aiguille qu'à un riche d'entrer dans le royaume des cieux » ne soit insuffisamment dompté et ne brise les bandelettes dont l'a emmailloté l'habile trahison des descendants des pharisiens et de Ponce-Pilate, lesquels pour mieux l'annihiler ont feint de se rallier à Lui, de le vénérer et de l'adorer tandis qu'en réalité leur cœur égoïste est toujours resté éloigné des sources d'amour et de sacrifice où l'âme du grand martyr s'abreuvait, et qu'ils gardent le culte de tout ce qu'il a réprouvé, de tout ce qu'il a abominé et maudit.

Pour nous le règne de Dieu c'est le règne de ce qui devrait être; — c'est le règne de la lumière dans les intelligences, de la probité dans tous les rapport sociaux; c'est la fin de toutes les injustices, de toutes les autocraties, de toutes les servitudes; depuis cette forme d'esclavage qu'est la domesticité jusqu'à l'assujettissement des peuples faibles au joug des peuples forts. — Le règne de Dieu c'est la paix dans la liberté, c'est le règne de la fraternité dans la justice. — Et si l'on vous dit que c'est une utopie, n'en croyez rien, c'est au contraire la seule réalité éternellement grandissante. — Ce qui est une utopie, c'est de vouloir que ce qui est mal dure éternellement; ce qui est une utopie c'est de croire que le germe de vie déposé dans la conscience humaine et dont les racines s'enfoncent toujours plus avant ne lèvera jamais.

Actuellement le mal nous enserre de toutes parts. L'action humaine, et tout spécialement l'action des gouvernements et des grandes nations dites civilisées, ressemble fort à un brigandage universel. Elles se partagent avec entrain le bien d'autrui et s'adjugent solennellement, en dehors des plus élémentaires principes de morale et de droit, ce qui ne leur appartient pas.

Jadis, par exemple, il y avait un droit de premier occupant dans les lieux déserts: — maintenant les nations en progrès vont revendiquer ce droit dans les lieux habités. — Leurs habitants paraît-il ne les occupaient pas!

L'absurde le dispute à l'odieux. Mais ni l'un ni l'autre ne révoltent, car, écoutez bien, pas une voix ne proteste au nom de la justice, seuls les moyens d'opérer la spoliation sont critiqués, mais non pas la spoliation en elle-même. La France n'est point blâmée d'avoir cyniquement planté son poignard dans la gorge de la nation malgache et de l'y maintenir; mais de s'être fait quelques écorchures en opérant l'effraction qui lui permit ce crime aussi odieux, vu nos prétentions libérales, que le serait le viol et l'assassinat d'un enfant par un moraliste!... Passons, car notre pays devenu au centuple coupable de ce qu'il a le plus âprement reproché aux autres est un sujet tellement poignant et triste, il nous couvre d'une telle confusion, qu'à le regarder nous n'aurions plus le courage de prononcer le moindre mot de réconfort, c'est qu'en effet nous devrions constater que ce forfait excuse tout: sans lui le Sultan n'eût peut-être pas osé les abominations d'Arménie; sans lui le Tzar parjure n'eut pas osé, au lendemain de son serment, violer la constitution finlandaise, et enlever à la meilleure, à la plus honnête population qui soit peut-être sur la terre ses restes de liberté afin que celle-ci n'ait plus aucun asile dans l'immense empire, et que tous les fronts y soient également courbés, tous les cœurs également brisés!

Oui, la liberté qui est l'âme du bien, la liberté qui est essentiellement le règne de Dieu, la liberté qui fait seule la dignité de la vie, la liberté sans laquelle il n'y a rien sous le ciel qui vaille la peine d'être regardé, la liberté avec les progrès de notre civilisation barbare et despotique s'en va diminuant dans le monde. Le machinisme tue le travail libre; la politique de bandits tue l'autonomie des peuples; tous les jours l'espace vierge diminue, usurpé par les nations vampires qui transforment la terre libre du bon Dieu, la terre où le proscrit pouvait trouver asile, en Guyane ou en Sibérie, autant dire en vastes bagnes. C'est un flot de servitude qui s'épand de toute part, se rejoint et revient submerger jusqu'aux idées sous la brutalité des faits. Nous devrions donc désespérer si nous mesurions la tâche à nos forces, mais nous savons qu'au contraire, nous devons mesurer nos forces à la grandeur de notre tâche. Plus celle-ci est immense, plus il est nécessaire et réconfortant de l'entreprendre.

Au surplus, que le succès doive ou non couronner nos efforts, cette question ne se pose pas. Nous luttons pour l'épanouissement de la vérité, nons luttons pour l'avènement de la justice parce que tel est notre devoir et quand nous ne devrions récolter qu'une moisson de douleur infinie et sans fin, notre volonté resterait tendue vers le même but. L'immensité même du sacrifice sanctifierait en proportion notre œuvre.

Oui, cependant, écoutez ! si pour nous-mêmes il doit nous être indifférent de récolter la peine ou la joie ; si notre tâche se suffit absolument à elle-même et si nous nous interdisons la pensée d'une récompense personnelle, nous avons cependant l'âpre désir que notre action retombe sur nos frères de misère en ondes de joie ; nous voulons que l'accroissement de justice et de liberté soit, pour tous, un accroissement de bonheur. Et cette pensée est l'aiguillon béni en même temps que la justification de notre effort.

Nous voulons qu'en même temps que la dignité grandira dans les âmes et que les fronts s'illumineront de clarté un souffle d'allégresse, né justement de l'exercice de la bonté et de la pratique volontaire du sacrifice, emplisse la vie.

Sur cette terre promise où l'humanité sortira des gangues de l'esclavage et de l'ignorance pour vivre une vie libre, digne, belle et saine, nous y voyons taries non seulement les sources sanglantes et honteuses, mais aussi, dans la mesure du possible, les sources douloureuses. Nous savons bien que les yeux baignés de lumière ne seront pas séchés de toutes larmes, oh ! non, non ! Cependant nous avons l'intime persuasion qu'en s'élevant au bien, l'humanité rencontrera des sources de joie insoupçonnées, et sous sa couronne de probité altière et de bonté stoïque, nous la voyons la joie au cœur et le sourire aux lèvres.

Je ne sais si j'ai bien vu, mais il me semble que la libre recherche des vérités scientifiques dans le domaine que nous venons de parcourir a fait filtrer en ma pensée un rayon de persuasion qui m'a dit que cela pourrait être, que cela sera, et que cette vie supérieure est le but sublime vers lequel à travers ses transformation progressives gravite l'univers.

Certes! ilserait indigne de la science et ce serait une sorte de profanation que d'étudier avec la pensée que le résultat de nos études apportera un appui à nos désirs, à nos aspirations, à nos espérances même les plus légitimes, même les plus hautes, même les meilleures.

La vérité doit être recherchée exclusivement pour elle-même et rien que pour elle. Nous devons être prêts à l'accepter et à la proclamer quelle qu'elle soit. Mais s'il advient que, recherchée pour elle-même, elle se trouve apporter un réconfort aux aspirations de notre âme, aux désirs de notre cœur et comme une sorte de sanction aux réclamations de notre conscience; si elle porte avec elle une haute, vaste et solide espérance, cela est bien.

Or, mes chers compagnons de peine, je vous le dis en toute sincérité, si je vous ai conviés pour vous parler de cette noble science qui est comme une reine parmi ses sœurs, c'est d'abord parce que je la trouve belle et attrayante par elle-même, mais c'est aussi parce que de sa contemplation, de l'étude de ces grands faits de la formation progressive de l'univers, il en est venu pour ma pensée, souvent angoissée et douloureuse, le plus ferme réconfort qu'elle ait jamais rencontré; quelque chose de si puissant qu'il me semble bien que jamais la trace ne pourra en être affaiblie.

Assurément l'espérance que j'ai senti s'asseoir sur ces universelles vérités ce n'est pas une espérance égoïste. Il me semble que, dans cet ordre de faits, notre âme n'est réconfortée qu'à la condition de s'associer à l'âme universelle; à la condition qu'elle s'oublie, soi, qu'elle meure à elle-même pour revivre dans la pensée du bonheur d'autrui, du progrès futur. Mais l'étude désintéressée de la vérité opère cette transformation. Et il nous paraît en somme tout simple de placer notre espérance et notre bonheur dans le bonheur général, dans le progrès universel et infini.

Et quoique ce réconfort ne soit pas aussi terre-à-terre que ceux habituellement présentés aux âmes assoiffées de béatitudes égoïstes, il nous semble suffire amplement pour nous permettre de nous inscrire en faux contre ceux qui parlent de « la Faillite de la science ».

Louis GUÉTANT.

8 mars 1899.

Imp. A. STORCK & Cie. — LYON.

www.ingramcontent.com/pod-product-compliance
Lightning Source LLC
LaVergne TN
LVHW050452160826
845677LV00003B/749
9782329680934